EXPOSÉ

D'UN

MOYEN MIS EN PRATIQUE

POUR

EMPÊCHER LA VIGNE DE COULER

ET HATER LA MATURITÉ DU RAISIN,

Par M. LAMBRY,

*Pépiniériste à Mandres, canton de Boissy-Saint-Léger,
département de Seine et Oise.*

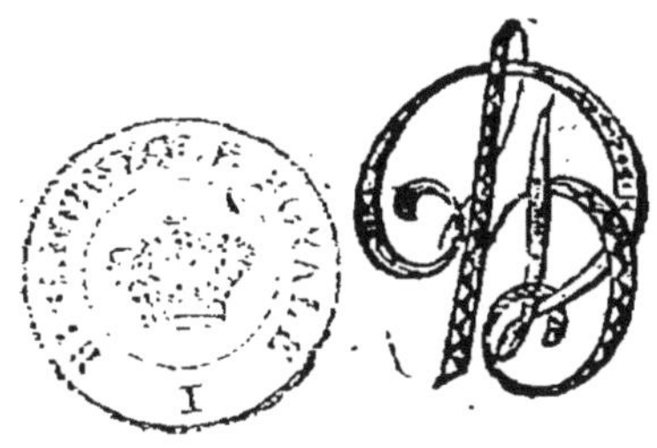

A PARIS,

De l'Imprimerie et dans la Librairie de Madame Huzard
(née Vallat la Chapelle),
Rue de l'Éperon Saint-André-des-Arts, n°. 7.

Mai 1817.

2222

EXPOSÉ

D'UN

MOYEN MIS EN PRATIQUE

POUR

EMPÊCHER LA VIGNE DE COULER

ET HATER LA MATURITÉ DU RAISIN.

Depuis son enfance, M. *Lambry* est adonné par état à la culture ; il a travaillé au jardin botanique de Dijon, lors de sa formation en 1772 ; ensuite six années au jardin du Roi à Paris, d'où il fut nommé jardinier-fleuriste de Monsieur (aujourd'hui notre auguste Monarque Louis XVIII) pour ses jardins de Brunoy, où il est resté jusqu'à la révolution. Depuis lors, il s'est établi pépiniériste à Mandres, où il cultive une petite propriété en vignes. C'est donc comme praticien et non comme théoricien qu'il présente le moyen éprouvé par lui d'empêcher la vigne de couler.

Pendant long-temps M. *Lambry* s'est occupé de la coulure de la vigne, et en a recherché la cause. Il a cru reconnaître qu'elle provenait dés pluies continuelles qui surviennent lorsque la vigne veut entrer en fleur. Ces pluies lui donnent une trop grande abondance de séve ; alors l'enveloppe florale ou la corolle reste collée sur les étamines, celles-ci n'ont plus assez de ressort pour se débarrasser de cette enveloppe, la fécondation se fait mal, et le jeune grain de raisin, loin de profiter, avorte.

Quoi qu'il en soit de cette cause, M. *Lambry* s'est appliqué à trouver le remède ; il l'a long-temps cherché, c'est-à-dire que, pendant nombre d'années, il en a fait une étude obstinée ; il a fait des essais multipliés, les uns sans succès, les autres un peu moins rebutans. Enfin, en 1776, il est parvenu à se fixer par une expérience dont le résultat a cessé d'être incertain.

Voici le procédé qui lui a réussi et dont il garantit le succès.

Lorsque la vigne entre en fleur, ou même quand elle est en pleine fleur, il faut faire à l'écorce, soit du jeune bois de l'année, soit de celui de l'année précédente, deux incisions *circulaires* à une ligne de distance l'une de l'autre ; puis enlever le petit anneau d'écorce compris entre ces deux incisions.

La place de l'incision doit toujours être au-dessous des grappes. Si l'on opère sur une branche de l'année précédente, on a tout l'espace compris entre les grappes inférieures et la naissance de la branche : on y choisit la place la plus commode pour faire l'incision. Mais quand on opère sur la poussé de l'année, il faut alors placer l'incision au-dessus des deux ou trois yeux ou bourgeons du bas, sur lesquels devra être assise la taille de l'année suivante.

La petite plaie faite sur la branche donne bientôt lieu à la formation d'un bourrelet, qui, en quinze à vingt jours, a recouvert entièrement la portion du bois que l'opération avait mise à nu ; mais cette interception momentanée de la séve a suffi pour assurer les résultats de l'opération, qui sont : 1°. que chaque branche opérée est absolument préservée de la coulure ; 2°. que la maturité du fruit est avancée d'au moins huit jours.

M. *Lambry* le répète, cette méthode si souvent pratiquée par lui, sur le jeune comme sur le vieux bois, sur la vigne la plus rebelle, la plus sujette à couler, a toujours été suivie du plus grand succès.

Ce n'est pas ici une simple assertion de sa part ; il ne prétend pas qu'on l'en croie sur parole, il a opéré sous les yeux des gens les plus instruits ; ses expériences ont été vérifiées et ses succès constatés ; en voici des preuves incontestables.

En l'an IV (1796), des commissaires, les uns nommés par le Ministre de l'intérieur, les autres pris parmi les membres de l'Administration cantonnale de Brunoy et de l'Administration centrale du département de Seine et Oise, furent chargés de suivre M. *Lambry* dans ses expériences. Il fit sous leurs yeux, et eux-mêmes exécutèrent d'après lui, un grand nombre d'opérations sur des treilles et sur des vignes en plein champ. Ils revinrent au moment de la maturité pour en connaître le succès; ils s'assurèrent qu'il était complet, et le constatèrent dans un procès-verbal qu'ils déposèrent aux archives du même département.

Ce procès-verbal, à la vérité, ne se trouve plus dans ces archives, mais son existence est constatée par deux pièces authentiques : la première est un extrait délivré par l'archiviste du département en date du 7 mars 1817, et la deuxième est un certificat de M. le comte *Davous*, alors président de l'Administration de Brunoy, actuellement pair de France, en date du 22 février 1817.

Ces deux pièces seront transcrites à la fin de ce mémoire sous les n°ˢ. 1 et 2.

Quatre ans après, d'autres commissaires choisis dans le sein de la Société d'Agriculture de Paris, furent également chargés de vérifier la méthode de M. *Lambry*, et de s'assurer si sa pratique ne portait pas de préjudice au bois opéré. Ils reconnurent les nouveaux succès de M. *Lambry*, et particulièrement que son procédé ne portait aucun dommage au bois de la vigne; ils en firent un rapport qui fut lu dans la séance publique de la Société du 20 messidor an VIII (juillet 1800).

Ce rapport sera transcrit à la suite du présent mémoire, sous le n°. 3.

Enfin l'année dernière (1816), nouvelle vérification par les soins de M. *Giron*, juge de paix du canton. Ce magistrat, dans ses tournées au mois de septembre, fut frappé de la beauté d'une vigne appartenant à M. *Lambry*, tandis que d'autres vignes à côté, non opérées, étaient dénuées de fruit et avaient totalement coulé. Il crut devoir offrir cet exemple frappant à tous les maires des communes qui composent ce canton ; il les convoqua sur les localités le 6 octobre suivant ; ils y vinrent tous, s'assurèrent des succès de M. *Lambry*, et en dressèrent eux - mêmes un procès-verbal, qui sera également transcrit, sous le n°. 4., à la fin de ce mémoire.

On y trouvera encore un certificat de M. *Bellart*, procureur général près la Cour royale de Paris, qui constate ce succès éclatant dont il s'est lui-même assuré en se transportant sur les lieux.

D'un autre côté, MM. *Yvart* et *Vilmorin*, membres de la Société royale d'Agriculture, ayant eu connaissance de la nouvelle épreuve faite par M. *Lambry*, se transportèrent sur les lieux pour en vérifier les résultats. Ils en rendirent compte à la Société, et lui en firent ensuite un rapport détaillé, que l'on trouvera à la suite de ce mémoire, sous le n°. 5. Cette Compagnie jugeant que la méthode de M. *Lambry*, après tant d'années d'épreuves, ne laissait plus aucun doute sur ses bons résultats, et que ce cultivateur avait rendu un service éminent en la mettant au jour, décida de lui donner un témoignage éclatant de sa satisfaction. C'est le 13 avril 1817, dans la séance publique de la Société royale d'Agriculture, que M. *Lambry* a eu l'honneur de recevoir des mains de M. le comte *François de Neufchâteau*, président, et devant une assemblée nombreuse, la médaille d'or qui lui a été accordée par la Société (1). Cette récompense honorable assure le triomphe de l'incision annulaire, et garantit à M. *Lambry* l'espérance que, quand chacun en aura fait l'épreuve, elle sera, dans les mauvaises années, pratiquée dans tous les pays de vignobles, au grand avantage des propriétaires et des vignerons.

M. *Lambry* croit avoir expliqué suffisamment son opération pour que chacun puisse la pratiquer; cependant, pour la faire encore mieux concevoir, il a joint à ce mémoire des planches qui représentent divers ceps de vignes, disposés selon les méthodes de plusieurs pays, avec la marque de l'incision et de la place où elle doit être faite.

Avant d'entrer dans ces explications, il fera

---

(1) Le discours prononcé à cette occasion, par M. le comte *François de Neufchâteau*, est imprimé à la suite du rapport n°. 5.

encore quelques observations générales. Il a dit
que l'on opérait sur le bois de l'année précédente
ou sur la jeune pousse de l'année ; ce seront là
les deux manières usuelles pour les vignobles ;
mais on peut aussi opérer avec succès sur le vieux
bois. M. *Baudin* , pépiniériste à Brunoy , a
un très-fort pied de chasselas de Bar-sur-Aube,
qui coulait constamment ; depuis vingt ans, il y
pratique l'incision qui lui a toujours procuré une
abondance de fruit ; mais le travail d'opérer tous
les jeunes bois étant long, il a essayé sur de très-
gros bois et même sur le tronc : cela a parfaitement réussi. Chaque année la plaie s'est recouverte,
et la treille est toujours très-vigoureuse.

On a encore vu que l'opération devait se faire pendant que la vigne est en fleur ; cependant celui qui aurait beaucoup de vignes à opérer pourrait commencer
cinq à six jours avant, et continuer ensuite pendant
tout le temps de la floraison. En devançant davantage,
on réussirait peut-être ; mais on risquerait que la
plaie ne fût refermée avant l'épanouissement des
fleurs, ce qui rendrait l'opération nulle. Si l'on
opère trop tard et quand tout est défleuri, l'incision ne fait plus d'effet pour la coulure, mais
elle conserve son autre propriété, qui est de hâter
beaucoup la maturité. L'année dernière, qui a été
si mauvaise, M. *Baudin,* voyant qu'une ligne
de chasselas, mal exposée, ne voulait pas mûrir,
tenta l'opération sur elle en septembre. Il a eu la

satisfaction que toutes les branches opérées sont venues à maturité, et il a vendu une quantité de ce chasselas, dont il n'aurait retiré aucun produit sans cela ; car sur quelques branches, qu'il avait laissées intactes çà et là, les fruits sont restés verts et ont été gelés et pourris.

Cet avantage d'avancer la maturité suffirait seul pour faire adopter l'incision annulaire aux amateurs du jardinage, pour les muscats et autres raisins difficiles à mûrir ; mais celui d'empêcher la coulure étant bien plus important, le mieux est d'opérer dans le temps de la fleur : alors on obtient les deux résultats à-la-fois (1).

Jusqu'à présent M. *Lambry* ne s'est servi que du greffoir ou d'une petite serpette pour faire les incisions et enlever l'anneau ; cela est long et semblera une difficulté aux vignerons : mais ils n'ont qu'à essayer, ils verront qu'ils seront bientôt au fait. Ce qu'il peut dire, c'est qu'il a opéré l'année dernière plus des trois quarts des sautelles dans une pièce de 115 perches (mesure de 20 pieds), et qu'il y a employé à-peu-près huit journées ; son

---

(1) Cependant, s'il arrivait que le temps ayant été fort beau lors de la fleur, on n'eût pas fait l'opération, et qu'ensuite la saison devînt assez mauvaise pour faire craindre que le raisin ne mûrit pas, on pourrait, en septembre, faire l'opération uniquement dans la vue d'obtenir la maturité. On a vu, par l'exemple de M. *Baudin*, qu'on en peut attendre des résultats très-avantageux.

fils a opéré une autre pièce de 7 perches, sans exception d'aucune sautelle : il lui a suffi d'une demi-journée. M. *Bertier*, propriétaire à Brunoy, a incisé pendant la fleur, également avec le greffoir, une vigne d'un arpent, qui a réussi aussi bien que celle de M. *Lambry*. On voit donc qu'un vigneron, avec sa femme et ses enfans, pourrait opérer plusieurs arpens pendant la durée de la fleur, du moins dans les pays où l'on pratiquerait l'incision sur le bois d'un an, ce qui est plus expéditif que sur la jeune pousse. Il faut encore observer que, dans les années très-belles et chaudes, l'opération devient inutile, et peut se réduire aux seuls ceps connus pour couler habituellement (comme il y en a dans presque toutes les vignes). C'est lorsque la saison est froide, humide et pluvieuse, à l'époque de la fleur, que l'opération devient importante, puisqu'alors elle peut sauver la récolte ; or, dans une telle saison, la floraison est successive et dure longtemps, et on a alors un temps assez considérable pour faire l'opération.

Enfin on n'opère pas toutes les pousses, mais seulement celles qui ont assez de grappes pour en valoir la peine ; et quand on ne pourrait pas tout faire, il reste toujours pour certain qu'un vigneron qui, dans une année de coulure, voudra employer à ce travail les journées que dure la fleur, en pourra faire assez pour sauver plusieurs pièces de vin. D'un autre côté, il y a tout lieu d'espérer que l'on parviendra à faire de bons instrumens qui abrégeront considérablement l'opération et la rendront praticable sur quelque étendue de vigne que ce soit. M. *Lambry* en connaît plusieurs qui ont été essayés avec avantage ; et son beau-frère , M. *Parvillez* , serrurier à Wuissoux près Antony, vient d'en faire un pour lui qui réussit très-bien, et dont il compte se servir cette année. Cet instrument a le défaut d'être cher ; mais on le fera sans doute, avec le temps, à meilleur marché (1).

---

(1) M. *Parvillez* se chargera d'exécuter, *sur commande*, des instrumens semblables pour les personnes qui en désireront. Les demandes devront être adressées, *franches de port*, à M. *Gibert* , marchand quincaillier, rue du Four Saint-Honoré, n°. 18, chez lequel se fera également la livraison. Le prix de chaque instrument sera d'environ 20 *francs*.

EXPLICATION

DES FIGURES.

Ire. PLANCHE.

A. Le pied ou cep de vigne avec les coursons et la sautelle (1).

B. La sautelle inclinée qui est attachée au cep voisin.

C. L'opération qui doit se faire au moment de la fleur
pour empêcher la coulure.

La sautelle opérée doit être coupée tous les ans pour être
remplacée par un autre jeune bois, que vous voyez attaché à
l'échalas aux lettres D et E.

F. Le cep voisin, figuré seulement pour faire voir :

G. Le cep taillé d'hiver à l'ordinaire ;

H. La sautelle qui doit remplacer celle qui a porté fruit,
laquelle doit être coupée tous les ans.

IIme. PLANCHE.

Méthode de la Bourgogne, de la Champagne et de différens
pays.

A. Le pied ou cep de vigne.

B. Pesseau ou échalas pour soutenir et attacher l'archet
ou arc en demi-cerceau, et qui sert de même à attacher le
brin de vigne pour l'année suivante.

---

(1) J'entends par *courson* le nouveau jet ou pousse de l'année ;
par *sautelle* le sarment de l'année précédente conservé lors de la
taille.

C. L'opération figurée.

D. L'archet ou l'arc qui est ployé en demi-cercle et qui doit être coupé tous les ans, pour être remplacé par le brin E qui monte contre le pesseau.

D D. Points d'attache de l'archet.

F F. Brindilles chargées de fruit, sortant des boutons développés autour du perceau, lesquelles se nomment éperons.

G. Le cep taillé d'hiver.

H. Le brin de vigne droit, qui doit remplacer le même archet que l'on voit coupé par terre à la lettre I.

IIIme. PLANCHE.

Vigne en treille.

A. Opération figurée, qui empêche la coulure de toutes les branches à partir de l'incision.

B. Toutes les branches de la treille qui ne sont pas opérées sont totalement coulées ; c'est cette treille de chasselas dont il est parlé dans le rapport de l'an IV, qui coulait continuellement tous les ans, et même dans les années d'abondance.

IVme. PLANCHE.

Vigne en coursons.

A A. Le pied avec son échalas.

B. Opération faite sur le courson ou jeune bois de l'année.

C C. Les coursons qui ne sont pas opérés.

D. Les coursons du cep voisin taillés en hiver.

Vᵉ. PLANCHE.

Le pied de vigne portant sa sautelle avec ses coursons.

A. La sautelle couchée en terre.
B. L'opération.
C. Coursons sur le même pied, qui ne sont pas opérés.
D D. L'échalas.

Dans chaque vignoble on cultive la vigne selon la méthode du pays; dans un seul département, aux environs de Paris, il y a quatre ou cinq manières différentes de la cultiver; les figures que l'on a données ici sont destinées à faire voir que, n'importe quelle méthode on suive, on peut toujours lui appliquer l'opération de l'incision annulaire pour empêcher la coulure, en la pratiquant soit sur le bois d'un an, soit sur la pousse nouvelle. Cette opération ne change d'ailleurs rien aux pratiques ordinaires de l'ébourgeonnement, de la taille, etc.; et voici un dernier avantage qu'elle offre. Si un sarment incisé est destiné à former un provin, ou si, retranché à la taille, on l'emploie en crossette ou bouture, le bourrelet qui y existe étant enterré, les racines en sortent bien plus facilement et plus vigoureusement que d'une autre branche, et une crossette semblable fait une pousse double de celle qui a lieu par la méthode ordinaire.

PIÈCES JUSTIFICATIVES.

(N°. 1.)

PRÉFECTURE DE SEINE ET OISE.

BUREAU DES ARCHIVES.

Résultat de la recherche faite aux Archives du département.

EXTRAIT du registre de correspondance, tenu au bureau de la Police de l'ancienne Administration centrale du département, pour l'an V.

Art. 34, trois pièces; date du 2 messidor an V.

L'Administration municipale du canton de Brunoy;

Désirant favoriser les découvertes dont les résultats tendent au bien général et à l'amélioration de l'agriculture, transmet son arrêté du 29 prairial an V, par lequel elle nomme des commissaires pour assister à une expérience que se propose de faire le citoyen *Lambry*, jardinier, qui a pour but d'empêcher la vigne de couler.

(*En la colonne d'observations est écrit.*)

Le 6 messidor an V, écrit à l'Administration municipale de Brunoy.

Le 2 vendemiaire an VI, reçu le procès-verbal.

Le 4 brumaire, écrit au Ministre de l'intérieur.

Le 20 brumaire, reçu une lettre du Ministre de l'intérieur, en date du 16 dudit.

Nota. Perquisitions faites avec exactitude, on n'a point trouvé le dossier de cette affaire; il manque dans le carton qui devrait le contenir; c'est celui intitulé : *District de Corbeil, an V*. Affaires de police. Aucune note ne fait connaître ce que ce dossier, sous le numéro 34, peut être devenu.

Vérifié à Versailles, le 7 mars 1817.

Signé DESCHAMPS.

(N°. 2.)

Je sousigné, *Pierre-Louis*, comte *Davous*, pair de France, commandeur de l'ordre royal de la Légion-d'Honneur,

Certifie qu'en l'an IV, étant alors président de l'Administration du canton de Brunoy, département de Seine et Oise, je fus requis par M. *Lambry*, cultivateur, demeurant alors à Brunoy, de faire constater le résultat d'une expérience qu'il se proposait de faire sur la vigne, dont l'objet était de l'empêcher de couler, et par ce moyen d'en assurer la récolte et d'en augmenter même les produits. Faisant droit à sa demande, j'écrivis à l'Administration centrale du département pour lui demander de nommer des commissaires qui, réunis à ceux de l'Administration cantonnale, assisteraient à l'opération de M. *Lambry*, et constateraient définitivement les résultats de son expérience. En effet, lesdits commissaires, réunis chez moi avec M. *Lambry*, se transportèrent dans mon jardin, et en leur présence M. *Lambry* opéra sur différens ceps de vigne de mon jardin (c'était l'époque de la floraison); ils se transportèrent ensuite dans un autre clos où il fut opéré sur un chasselas de Bar-sur-Aube, tapissant une treille assez étendue, et qui, depuis quinze ans, coulait habituellement sans donner aucun rapport. On s'est encore transporté dans différentes pièces de vigne où la même opération a été faite ; et du tout il a été dressé procès-verbal, en s'ajournant pour constater les résultats de l'expérience au moment de la maturité des raisins.

A cette époque les mêmes commissaires se sont réunis, et nous avons parcouru tous les lieux où il avait été opéré, et nous avons reconnu que sans exception tous les ceps opérés étaient chargés des plus beaux fruits ; tandis que sur les mêmes ceps, les branches qui n'avaient point été opérées avaient coulé ou n'avaient donné que des fruits médiocres. Le tout fut constaté au procès-verbal, qui, après avoir été signé de tous les commissaires, fut adressé par moi à l'Administration centrale du département. En foi de quoi j'ai signé le présent.

Donné à Paris, le 22 février 1817.

Signé Le Comte D'Avous.

(N°. 3.)

Rapport sur une opération proposée par M. Lambry, pour empêcher la vigne de couler, lu dans la séance publique de la Société d'Agriculture du département de la Seine, le 20 messidor an VIII, par M. Vilmorin, père.

En l'an IV, M. *Lambry*, jardinier à Brunoy, annonça qu'il connaissait un moyen d'empêcher la vigne de couler. Ce moyen consiste dans l'opération suivante.

Lorsque la vigne entre en fleur, faire à l'écorce d'une branche ou d'un scion, sur le bois de l'année précédente, deux incisions circulaires à 3 millimètres ou une ligne de distance l'une de l'autre, sans endommager le bois, et enlever l'anneau de l'écorce qui est entre les deux incisions. C'est de l'enlèvement de cette petite portion d'écorce que résultent les effets qu'on attend de cette opération.

M. *Lambry* fit des essais qui eurent assez de succès pour arrêter l'œil de l'observateur, exciter l'intérêt du routinier incrédule, et fixer l'attention des administrateurs du canton.

Ceux-ci, par l'entremise de l'Administration centrale, invitèrent le Ministre de l'intérieur à nommer des commissaires qui pussent constater avec eux les résultats de cette opération, afin de lui donner plus authentiquement une grande publicité, si elle était véritablement utile.

D'après cette invitation, faite au printemps de l'an V, le Ministre nomma des commissaires, qui, réunis à ceux du canton et à divers cultivateurs, opérèrent non-seulement sur plusieurs points de vignobles, mais encore dans divers clos particuliers. L'opération fut très-répétée sur une treille assez étendue de chasselas de Bar-sur-Aube, qui, depuis quinze ans qu'elle était en état de produire, n'avait pas manqué une année de couler; ce qui fut attesté par plusieurs cultivateurs de la commune, notamment par les jardiniers qui avaient planté et cultivé cette vigne. Six à sept décades après l'opération, ses résultats furent examinés, et par-tout ils se trouvèrent conformes à ce qui avait été annoncé; mais ils furent si sensibles sur les treilles et bordures de chasselas de Bar-sur-Aube, dont il vient d'être parlé, qu'ils excitèrent l'étonnement et l'admiration des plus incrédules. Tous les scions opérés portaient de très-belles grappes parfaitement garnies; tandis que les scions restés intacts ne présentèrent que des grappes frappées de coulure et de stérilité; telles, enfin, qu'on les avait vues les années précédentes. Cet effet fut le même sur des branches

2 *

portant plusieurs rameaux qui furent opérés sur le bois de trois à quatre ans.

Depuis quatre années ces expériences ont été faites et répétées par beaucoup de cultivateurs, non-seulement sur des treilles, mais encore en pleine vigne : ses résultats, toujours les mêmes, ne permettent plus de douter de ses avantages.

Jusqu'à présent il n'a pas été reconnu que ses suites portassent le moindre préjudice à la vigne. L'anneau fût-il de 50 millimètres (environ 2 lignes) il est recouvert dans l'espace de trente à trente-cinq jours. J'ai vu des plaies de 24 millimètres parfaitement cicatrisées en dix-huit jours. Dès que la cicatrice est fermée, la partie de la branche au-dessus du bourrelet présente plus de grosseur ; l'année suivante la séve reprend son cours ordinaire, et par la suite la végétation ne montre plus de différence ; il faudrait une nouvelle incision pour produire un nouvel et semblable effet.

Le bourrelet donne un avantage marqué : c'est d'assurer et d'accélérer la sortie des racines si la branche est employée en marcotte ou en bouture.

Il paraît n'y avoir aucun inconvénient à donner de la publicité à cette opération : il semble même important de fixer l'attention des propriétaires et des cultivateurs sur un moyen d'augmenter au moins leurs jouissances, et qui probablement assurera et accroîtra leurs revenus. Au moyen de la serpette et du greffoir dont on s'est servi jusqu'à présent, l'opération est trop lente pour la faire en grand. Notre collègue *Molard* vient de remédier à cet obstacle : il a composé un instrument au moyen duquel on pourra obtenir de grands avantages, s'il arrivait une année qui fît craindre la coulure. Il paraît qu'une personne pourra dans une minute opérer quinze scions.

Nous avons dit que M. *Lambry* avait recommandé de

faire l'opération au moment où la vigne commençait à fleurir, et sur le bois de l'année précédente. Des expériences
nombreuses et répétées ont démontré qu'on pouvait opérer,
avec un semblable succès, environ dix jours avant la floraison, et que cette pratique sur le bois de l'année et sur celui
de trois ans donnait le même résultat que sur celui de
l'année précédente. Il y a cette différence, que plus le bois
est jeune, plus tôt la cicatrice est formée. Il est même
essentiel d'observer que sur la vieille écorce l'anneau ne
doit avoir que 12 à 15 millimètres de largeur.

Jusqu'alors il n'était pas venu à notre connaissance qu'on
eût fait un grand usage de cette pratique pour empêcher la
vigne de couler ; cependant elle était connue sous ce rapport. *Cabanis* en parle dans son Traité sur la Greffe, imprimé en 1781 ; et si on en a fait rarement usage pour assurer
la fructification de la vigne, elle a été très-souvent pratiquée, non-seulement pour avancer la maturité du raisin et
de toutes autres espèces de fruits, mais encore pour faire
porter à des arbres du fruit qu'un défaut d'élaboration de
la séve faisait couler. *Duhamel*, *Buffon* et plusieurs autres
ont fait de nombreuses expériences de ce genre sous ces
divers rapports ; et les anciens en pratiquaient d'analogues.
Il y a peu d'années, M. *Lancry* s'est occupé avec succès de
semblables recherches, et a communiqué à cette Société les
observations qu'elles lui ont fournies.

Si cette opération n'a pas d'inconvéniens sur la vigne,
elle en présente de graves sur tous les arbres à fruit. Sur ces
derniers elle doit être faite avec infiniment de précautions,
et seulement au printemps, lorsque la séve est abondante.

L'anneau sur ces arbres ne doit avoir que 12 millimètres
de largeur. Si, pour opérer, on attendait que la séve fût bientôt dans le cas de s'arrêter, et si l'on faisait l'opération sur
un sujet languissant, il est certain que la cicatrice ne s'opé-

(22)

rerait pas, et, dans ce cas, il en résulterait la perte de la branche; ce qui peut occasionner celle du sujet. Par la même raison, il ne faut pas non plus opérer sur la vieille écorce, à moins que l'arbre ne soit de la plus grande vigueur.

Quoique des hommes célèbres se soient occupés de cette opération, la cause de ces effets est néanmoins encore un problème à résoudre ; c'est aux physiciens à expliquer un phénomène qui peut jeter un nouveau jour sur la physique végétale : mais le défaut d'une explication satisfaisante ne doit pas empêcher d'adopter une pratique dont les avantages sont certains.

(N°. 4.)

Cejourd'hui dimanche 6 octobre 1816, heure de midi,
Nous soussignés, maires et adjoints de différentes communes du canton de Boissy-Saint-Léger, arrondissement de Corbeil, département de Seine et Oise ;
Sur l'invitation de M. le juge de paix dudit canton, portée en sa circulaire à MM. les maires ;
Nous nous sommes transportés en la commune de Mandres, en la maison de M. *Lambry*, pépiniériste, que nous avons trouvé chez lui, ainsi que M. le juge de paix ;
Où étant, ledit M. *Lambry* nous a fait l'explication d'un procédé par lui mis en pratique depuis nombre d'années pour préserver la vigne de couler ; puis il nous a présenté à l'appui, et M. Ginoux, l'un de nous, maire de la commune de Sucy, a lu à haute voix à tous ses collègues et adjoints présens ;
1°. Un écrit contenant la méthode d'opérer, tant sur le vieux que sur le jeune bois de la vigne, pour empêcher la coulure ;
2°. Et la copie d'un rapport fait en l'an IV au Comité

d'agriculture par l'un des commissaires nommés par le Ministre de l'intérieur, à la sollicitation de l'Administration centrale de Seine et Oise, à l'effet d'assister aux essais que fit alors le M. *Lambry*, tant dans différens cantons de vignes que dans des clos particuliers, et notamment sur tous les ceps les plus sujets à couler; lesquels essais furent donc faits en présence desdits commissaires et d'une grande partie des membres composant l'Administration cantonnale de Brunoy. Le succès, constaté par les mêmes commissaires et individus dans une seconde visite à l'époque de la maturité du raisin, fut complet, ainsi que le confirme le rapport en question.

De là, et pour nous faire connaître le résultat de ses opérations, M. *Lambry* nous a conduits sur deux pièces de vigne qui lui appartiennent, situées près le moulin à vent de Brunoy, où étant allés il nous a fait voir et nous avons examiné attentivement tous les ceps opérés chargés de très-belles grappes, dont les grains ont leur grosseur ordinaire et sont d'une maturité avancée, tandis que sur le même pied les brins de courson qui n'étaient pas opérés étaient totalement frappés de coulure, de même que les vignes voisines des particuliers.

Nous avons remarqué aussi que plusieurs plants, quoique opérés, n'avaient pas aussi bien réussi, et présentaient une apparence de coulure.

M. *Lambry* nous a observé que certains plants étant plus tardifs à fleurir, et les ayant opérés prématurément, les pluies continuelles qui ont suivi, en retardant et prolongeant la floraison, ont donné le temps à l'anneau de se recouvrir; qu'alors l'opération n'a plus produit son effet; la fleur a langui par la continuité du mauvais temps. Les enveloppes des fleurs sont restées collées sur les étamines et ont nécessairement avorté; ce qui donne à M. *Lambry* la solution qu'il ne faut pas entreprendre l'opération avant la fleur, attendu qu'en la devançant, si le temps devient contraire, comme il est arrivé cette année ; la cicatrice se referme, et la séve reprenant la circulation ordinaire avant la fleur, détruit nécessairement l'effet de l'opération.

Il est reconnu que la coulure de la vigne provient de la surabondance de la séve lorsque la grappe fleurit, et que l'effet de l'opération de M. *Lambry* est précisément de retrancher cette surabondance, en faisant à l'écorce d'une branche ou d'un scion, soit sur le bois de l'année précédente, soit sur le jeune bois au commencement de la floraison, deux incisions circulaires d'environ une ligne au plus de distance l'une de l'autre, et en enlevant l'anneau de l'écorce qui est entre les deux incisions.

Au moyen d'un outil fait exprès, mais qui a besoin d'être perfectionné, M. *Lambry*, pour nous donner une connaissance exacte de l'opération, a, sous nos yeux, fait du même trait les deux incisions et enlevé l'écorce, ce qui en accélère et rend l'exécution très-facile. Un cep, quelque garni qu'il soit, peut être totalement opéré en quelques secondes.

M. *Lambry* assure, et le rapport fait au Comité d'agriculture confirme que l'opération dont est question ne porte aucune atteinte ni à la vigueur ni à la vie de la vigne.

Nous estimons donc que les propriétaires de vignes ont le plus grand intérêt à mettre en pratique la méthode de M. *Lambry*, lorsque, par l'intempérie de la saison, leurs vignes sont menacées de coulure.

Dont et de tout ce que dessus, nous avons fait et dressé le présent procès-verbal, que nous avons signé avec M. *Lambry* et M. le juge de paix.

Signé DE BESSE, *maire de Santeny*; CAZEAUX, *maire de Mandres*; TARDIF, *maire de Noiseau*; BOSQUILLON, *maire de*

Varennes; Gucoux, *maire de Sucy;* De Marsilly, *maire de Chenevières;* Menard, *adjoint de Villers-sur-Marne;* Frulot, *maire de Brunoy;* Duclos, *maire;* De Perron, *maire de Villecresme,* chevalier de Saint-Louis; Giron, *juge de paix;* Marin, *adjoint,* à l'absence du maire de Limeil; Chesnel Larossière, *maire de Villeneuve St.-Georges;* Le Brun, *adjoint,* en l'absence de M. le maire de Valenton; Goron, *maire d'Yerres;* Bonfils, *adjoint,* en l'absence du maire de Crosne; Maton, *maire de Boussy Saint-Antoine;* Garnier Deschênes, *maire de Quincy;* Bonnet, *maire d'Épinay;* Graascher, *adjoint de la commune de Draveil;* Page, *maire de Montgeron;* Millet, *maire de Vigneux;* Gautier, *maire de Périgny.*

J'atteste que j'ai vérifié moi-même sur les lieux l'expérience faite en l'année 1816 par M. *Lambry* sur les deux pièces ci-dessus mentionnées, situées terroir de Brunoy, et que ceux de mes amis qui voulurent bien m'accompagner alors (M. *Bergeron Dangeny,* mon beau-frère, M. *Usquin* fils, M. *Lefevre,* juge suppléant au tribunal de Paris), et moi, remarquâmes, avec autant de surprise que d'admiration, l'efficacité du procédé de M. *Lambry,* efficacité telle, que tandis que toutes les vignes environnantes, et même dans les deux pièces opérées, les pieds de vigne qui n'avaient pas été soumis au procédé, offraient le spectacle affligeant d'une complète stérilité produite par la coulure, tous les ceps opérés, à bien peu d'exceptions près, étaient en pleine et vigoureuse fructification. En foi de quoi j'ai signé le présent certificat.

A Paris, 5 février 1817.

Signé Bellart,

Procureur général près la Cour royale de Paris.

Vu pour légalisation des signatures de M. *Giron,* juge de paix du canton de Boissy-Saint-Léger, et de MM. les

maires et adjoints des communes des autres parts au nombre
de vingt-un, composant ledit canton de Boissy-Saint-Léger,
par nous sous-préfet du quatrième arrondissement du département de Seine et Oise.

A Corbeil, le 11 février 1817.

Signé DUPELAUX.

(Nº. 5.)

*Rapport fait à la Société royale et centrale
d'Agriculture, dans la séance du 5 mars
1817, par MM. Yvart et Vilmorin.*

MESSIEURS,

Depuis un grand nombre d'années, M. *Lambry*, pépiniériste et vigneron à Mandres, près Brunoy, département
de Seine et Oise, a mis en pratique, avec un succès cons-
tant, un moyen d'empêcher la vigne de couler. En l'an IV
(1796) il a fait connaître ce moyen, qui consiste dans l'enlèvement d'un petit anneau d'écorce, *à l'époque où la vigne
est en fleur :* pour cela, on choisit, vers la base du sarment
que l'on veut opérer, une place nette et sans yeux ; là on
fait à l'écorce une incision *circulaire* qui aille jusqu'au
bois ; une ligne au-dessus ou au-dessous, on en fait une
seconde semblable, puis on enlève l'anneau d'écorce compris entre ces deux incisions, de manière que le bois reste
à nu dans cet espace circulaire d'une ligne. L'opération se
pratique ou sur le bois de l'année précédente ou sur la pousse
de l'année ; elle réussit même sur le vieux bois.

Diverses expériences publiques, faites depuis 1796 jusqu'en 1800, et consignées dans des rapports authentiques,
ont constaté l'efficacité de ce procédé pour empêcher la coulure ; elles ont aussi confirmé un autre résultat de l'opéra-

tion, qu'un amateur zélé, M. *Lancry*, avait déjà mis en évidence plusieurs années auparavant, savoir : que la soustraction de l'anneau d'écorce hâtait sensiblement la maturité du raisin (1).

Néanmoins, et malgré des avantages si bien reconnus, l'usage de cette méthode s'est très-peu répandu ; l'exemple et les leçons de M. *Lambry* l'ont seulement fait adopter par quelques particuliers de Brunoy et des environs, qui en obtiennent constamment les résultats les plus avantageux. Il était réservé à la fâcheuse année 1816 d'en faire sentir toute l'importance, en donnant lieu à une expérience plus étendue qu'aucune de celles qui eussent été faites jusque-là ; expérience qui a démontré, à-la-fois, que l'opération était praticable en grand, et qu'elle réussissait malgré la saison la plus contraire.

Au commencement d'octobre, nous fûmes informés que M. *Lambry*, redoutant avec raison que la température froide et humide qui régnait à l'époque de la floraison, n'occasionnât beaucoup de coulure, avait entrepris de se soustraire à ce fléau, en opérant en entier les deux pièces de vignes cultivées par lui et son fils, et que cette expérience avait eu un succès complet. La Société étant alors en vacance, nous crûmes prévenir ses intentions en allant prendre connaissance de ces faits, afin de lui en rendre un compte exact. Nous nous transportâmes en conséquence, à Mandres ; où M. *Lambry* nous ayant conduits dans les vignes en question, nous reconnûmes que ce qui nous avait été annoncé était conforme à la vérité.

---

(1) M. *Lancry* donnait à l'anneau 2 ou 3 lignes de hauteur, et il opérait long-temps avant la floraison ; mais, il n'avait en vue que d'avancer la maturité, et ne s'est pas occupé de la coulure. Pour influer sur celle-ci, il faut que l'opération soit faite pendant ou peu de jours avant l'épanouissement de la fleur.

La méthode ordinaire, dans ce canton, est de conserver lors de la taille, sur chaque cep vigoureux, un sarment de l'année précédente que l'on appelle *sautelle* ; ce sont ces sautelles qui avaient été opérées en presque totalité. Toutes celles qui portaient la cicatrice ou bourrelet résultant de l'opération étaient chargées (à un très-petit nombre d'exceptions près) de grappes nombreuses et à grains serrés, tandis que les grappes des tiges non incisées étaient entièrement coulées. Quelques *coursons*, ou jets de l'année, qui avaient aussi été opérés, étaient également chargés de fruits. Nous parcourûmes les vignes qui, de toutes parts, entourent celles en question, et dont le sol et l'exposition sont absolument semblables : elles présentaient avec celles de M. *Lambry* le contraste le plus frappant, la coulure y était complète, à peine y voyait-on çà et là quelques grappes ; enfin il nous parut à vue d'œil que les pièces de M. *Lambry*, et particulièrement celle de 7 perches appartenant à son fils, portaient au moins huit à dix fois autant de fruit que celles d'alentour ; ce que la récolte a confirmé. Nous reconnûmes aussi que les raisins portés par les branches soumises à l'opération étaient beaucoup plus avancés dans leur maturité que les autres.

Frappés de ces résultats remarquables, nous crûmes devoir leur procurer le plus de témoins possible ; nous fîmes en conséquence publier provisoirement dans les journaux une note destinée à faire connaître cette expérience, et à engager les cultivateurs et les propriétaires de vignes à aller juger par leurs propres yeux de ses effets (1).

____

(1) Nous devons rectifier ici une erreur qui s'est glissée dans cette note. Nous avons dit que l'anneau enlevé avait environ 2 lignes de largeur ; il ne doit au contraire en avoir qu'une ; si on lui donnait 2 lignes, l'opération ne réussirait pas moins, mais la branche pourrait en être fatiguée.

D'un autre côté, M. *Giron*, juge de paix du canton de Boissy-Saint-Léger, dans la vue de répandre la conviction parmi les cultivateurs, adressa sur ce sujet une circulaire à MM. les maires du canton ; l'effet de cette circulaire fut la réunion à Mandres, le 6 octobre, des maires et adjoints de vingt-une communes, qui, après avoir reconnu l'état des vignes de M. *Lambry* et de celles qui les entourent, consignèrent dans un procès-verbal les résultats de cette inspection, résultats qui sont semblables à ceux que nous avons l'honneur de vous exposer. M. *Bellart*, procureur-général près la Cour royale, qui avait plusieurs fois visité les vignes opérées, et suivi leurs progrès, et qui avait amené sur les lieux plusieurs autres propriétaires, a ajouté son attestation à celle donnée par messieurs les maires.

Mais ces témoignages ne sont pas les seuls en faveur du procédé de M. *Lambry* : dès l'an IV (1796), sur la demande de l'Administration de Brunoy, présidée alors par M. le comte *Davous*, aujourd'hui pair de France, des commissaires nommés par le Ministre de l'intérieur, et par le département de Seine et Oise, réunis à ceux du canton, avaient fait, conjointement avec M. *Lambry*, de nombreuses épreuves de sa méthode ; elles eurent un succès complet, et les résultats en furent constatés dans un procès-verbal. Quatre ans après, un autre rapport sur la continuation des mêmes expériences fut fait dans le sein de cette Société, par le père de l'un de nous (feu M. *Vilmorin*), et lu dans la séance publique de messidor an VIII ; il confirma pleinement les résultats précédemment obtenus.

Ces différens rapports, et les expériences non interrompues faites depuis par M. *Lambry* et par MM. *Baudin* et *Bertier*, habitans de la commune de Brunoy, ont également prouvé que l'opération de l'incision annulaire, en ayant soin de ne pas donner à l'anneau d'écorce plus d'une ligne,

ne nuisait aucunement à la vigueur et au bon état de la
vigne. Nous avons vu dans le clos de M. *Baudin*, le cep de
chasselas de Bar-sur-Aube, autrefois stérile, et qui, dans
les épreuves faites il y a vingt ans, présenta des résultats si
remarquables ; ce même cep, opéré chaque année depuis,
est de la plus grande vigueur, quoiqu'il n'ait pas cessé de rap-
porter, si ce n'est sur quelques-unes de ses branches, que
M. *Baudin* laisse exprès sans incision, et dont toutes les
grappes coulées font ressortir d'une manière frappante les effets de l'opération.

Le même cultivateur nous a communiqué un fait remar-
quable que nous avons vérifié chez lui ; c'est que l'opération
fait avorter et détruit presque entièrement les pepins ; il nous
a fait voir encore, que l'incision pratiquée long-temps après
la fleur, et jusqu'en septembre, avance la maturité du fruit ;
mais alors la plaie ne se recouvre pas dans l'année même,
au lieu que faite dans le temps de la fleur, elle est recouverte
quinze à vingt jours après.

Enfin un dernier avantage de l'incision, est que, si les
branches qui y ont été soumises sont employées l'année suivante à la plantation, soit en provins ou marcottes, soit en
boutures ou crossettes, le bourrelet qu'elles portent en fa-
cilite beaucoup l'enracinement.

Nous entrerions, Messieurs, dans des détails plus étendus
sur le procédé de M. *Lambry*, si nous ne savions que ce cultivateur prépare un mémoire sur son procédé, dans lequel
il présentera, à l'aide de figures, son application à plusieurs
des modes de culture de la vigne usités dans diverses parties
de la France.

Nous nous arrêterons seulement à la principale objection
que l'on pourra faire contre la méthode de l'incision annulaire, celle de la difficulté de son application en grand. Nous
vous dirons à cet égard, que, d'après l'épreuve que M. *Lambry*

(31)

et son fils ont faite cette année, ils estiment à huit à dix journées de travail, le temps nécessaire pour opérer toutes les sautelles d'un arpent de leur mesure (environ 40 ares). Ils ne se sont servis que du greffoir, et il y a tout lieu d'espérer que nous serons bientôt enrichis d'un bon instrument, qui, enlevant l'anneau d'écorce d'un seul temps, abrégera singulièrement le travail. Notre collègue, M. *Molard*, en a fait construire plusieurs, il y a environ vingt ans, qui opéraient bien ; récemment M. *Parvillez*, serrurier à Wuissoux près Antony, en a confectionné un sur les données de M. *Lambry*, dont celui-ci est fort satisfait ; enfin, nous savons que plusieurs amateurs s'occupent avec zèle du même objet.

Lorsqu'on aura atteint, à cet égard, le point de perfection désirable, la méthode de M. *Lambry* deviendra d'un emploi facile et peu coûteux ; mais nous estimons que dans tous les cas, et dût-on se servir du greffoir ou d'un instrument équivalent, il y aurait encore un très-grand avantage à pratiquer l'opération *dans les années où la floraison a lieu par un temps contraire, et qui doit faire craindre la coulure,* et encore, tous les ans, sur les espèces de vignes habituellement sujettes à couler.

En résumé, Messieurs, le moyen employé par M. *Lambry* étant d'une efficacité parfaitement constatée, et son application nous paraissant susceptible d'un immense avantage, nous pensons qu'il mérite de recevoir la plus grande publicité possible. ————————————————————

Parmi les moyens que vous jugerez sans doute à propos d'employer pour arriver à ce but, nous vous en proposons d'abord un, qui sera en même temps un acte de justice, celui d'accorder à M. *Lambry* une médaille d'or, dans votre prochaine séance publique, en récompense du zèle et de la constance qu'il a mis à pratiquer et propager cette utile méthode.

Signé YvART, VILMORIN *rapporteur.*

La Société, adoptant les conclusions du rapport, a arrêté qu'il serait décerné à M. *Lambry* une médaille d'or dans la séance publique du 13 avril 1817.

Le président, M. le comte *François-de-Neufchâteau*, en remettant à M. *Lambry* cette médaille, lui a adressé le discours suivant :

Monsieur, la vigne est une des richesses de notre agriculture, et un des priviléges attribués par la nature au climat heureux de la France. Mais cette plante précieuse est sujette à bien des fléaux. Hélas ! depuis plusieurs années elle trahit l'espoir des laborieux vignerons. Des savans avaient bien parlé de l'incision annulaire ; mais cette opération n'avait paru qu'une curiosité d'amateurs du jardinage, quoiqu'elle fût depuis long-temps employée avec succès dans une vallée du Dauphiné, pour assurer, en certains cas, la fructification des oliviers (1). Vous avez eu l'heureuse idée d'appliquer ce procédé à la vigne ; et sur-tout, au milieu des désastres et de l'intempérie de 1816, vous avez suivi en grand cette méthode, qui a prévenu la coulure et accéléré dans vos vignes la maturité des raisins. C'est servir son pays que de donner un tel exemple ; c'est justifier ce qu'a dit un grand écrivain (2), que *les bonnes expériences de physique sont celles de la culture des terres.* La Société royale a cru devoir consacrer votre succès, afin d'encourager ceux qui peuvent imiter des essais si utiles, et d'appeler plus que jamais la science de la physique au secours de l'agriculture.

---

(1) M. le comte *François de Neufchâteau* a fait connaître à la Société, dans une de ses séances particulières, ce fait curieux et intéressant.

(2) *Voltaire.*

FIN.

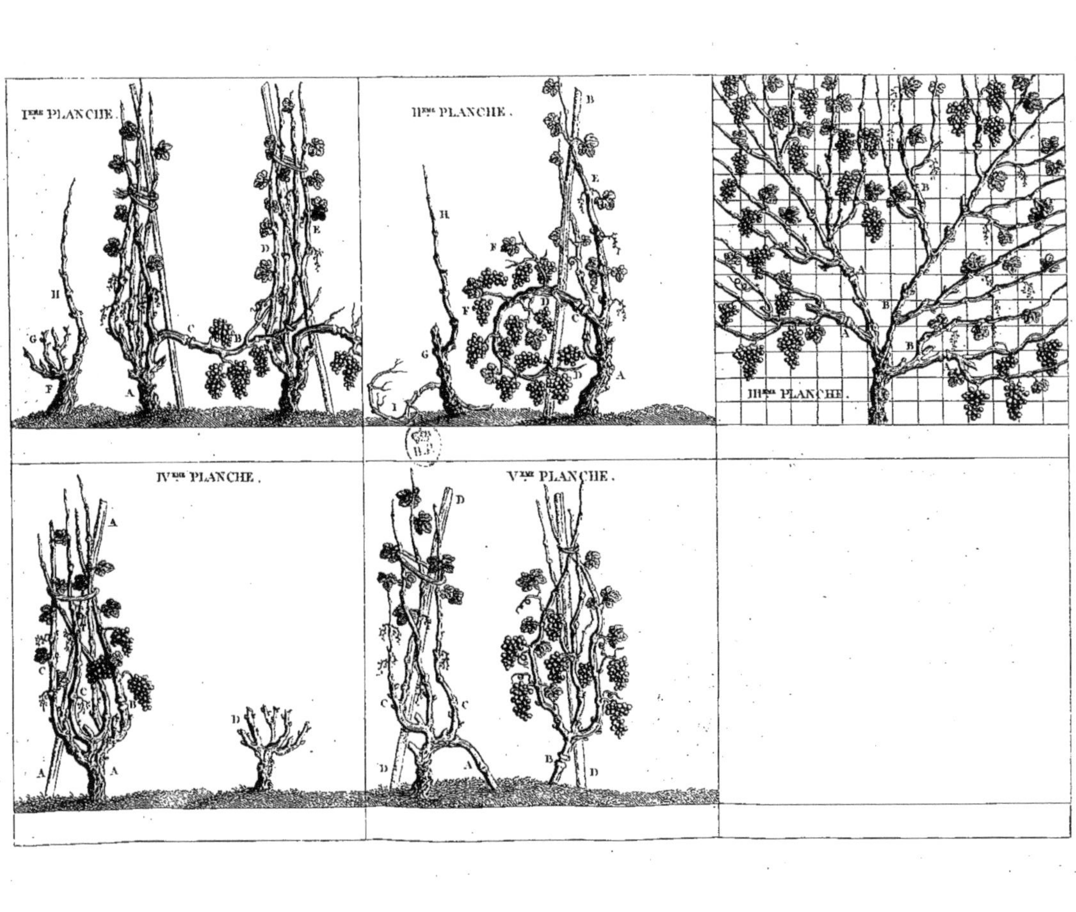

Iᵉʳᵉ PLANCHE.
IIᵉᵐᵉ PLANCHE.
IIIᵉᵐᵉ PLANCHE.
IVᵉᵐᵉ PLANCHE.
Vᵉᵐᵉ PLANCHE.

www.ingramcontent.com/pod-product-compliance
Ingram Content Group UK Ltd.
Pitfield, Milton Keynes, MK11 3LW, UK
UKHW021201140726
13695UKWH00005B/2265